魔法数学岛

乘法表岛

[意]杰尔马诺·佩塔林　[意]雅各布·奥利维耶里　著

[意]黛西戴利亚·圭恰迪尼　绘　孙超群　译

山东人民出版社·济南

国家一级出版社　全国百佳图书出版单位

图书在版编目（CIP）数据

魔法数学国．乘法表岛 ／（意）杰尔马诺·佩塔林，
（意）雅各布·奥利维耶里著 ；（意）黛西戴利亚·圭恰
迪尼绘 ；孙超群译．—济南 ：山东人民出版社，
2024.1
ISBN 978-7-209-14758-3

Ⅰ．①魔… Ⅱ．①杰… ②雅… ③黛… ④孙… Ⅲ．
①数学－儿童读物 Ⅳ．①O1-49

中国国家版本馆CIP数据核字(2023)第206569号

© 2018, Edizioni EL S.r.l., Trieste Italy on L'isola delle tabelline
The simplified Chinese edition is published in arrangement through Niu Niu Culture.

山东省版权局著作权合同登记号 图字：15-2023-110

魔法数学国·乘法表岛
MOFA SHUXUEGUO CHENGFABIAO DAO

［意］杰尔马诺·佩塔林 ［意］雅各布·奥利维耶里 著
［意］黛西戴利亚·圭恰迪尼 绘 孙超群 译
责任编辑：张波 特约编辑：王世琛 装帧设计：任尚洁

主管单位 山东出版传媒股份有限公司
出版发行 山东人民出版社
出 版 人 胡长青
社 址 济南市市中区舜耕路517号
邮 编 250003
电 话 总编室（0531）82098914
市场部（0531）82098027
网 址 http://www.sd-book.com.cn
印 装 天津联城印刷有限公司
经 销 新华书店

规 格 32开（145mm×210mm）
印 张 4.25
字 数 33千字
版 次 2024年1月第1版
印 次 2024年1月第1次
ISBN 978-7-209-14758-3
定 价 128.00元（全4册）
如有印装质量问题，请与出版社总编室联系调换。

第 1 章

飞往乘法表岛

飞机正行驶在波澜壮阔的大洋上空。深蓝色的大海中，白沙绿树的小岛一个个掠过。

"啊，快看，那个是偶数岛吧！"100激动地翻着数学之旅俱乐部的旅游手册，"还有前面那个，应该是奇数岛！我拿我的两个0打赌！这个是分数岛……还有平方珊瑚礁，那里都是平方数，像4、9、16什么的。南边那个是小数岛！您听说过吗？"他转头对邻座的旅客说，"还有千数岛！真是惊人啊，岛上全是大于1000的数！"

邻座原本打算专心看自己的钓鱼杂志，看来是做不到了。

数 之 群 岛

偶 数 岛

奇 数 岛

分 数 岛

平 方 珊 瑚 礁

大 数 岛

今天 100 兴奋极了。从飞机起飞的那一刻起，他就不停地在座位上扭来扭去，一刻也坐不住。

"这真是太棒了！"没一会儿工夫，他已经对邻座念叨了好多遍。邻座穿着一身海滩装，紫色的 T 恤胸前印着由 10 个红点组成的三角形图案，下身是绿色的裤子。"我之前一步也没离开过故乡。可是就在昨天，我意外发现自己中了大奖。您知道吗？这是一趟飞往乘法表岛的旅行！"

邻座轻轻点头，算是回应。他看

起来对这件事不太热心——一个习惯

了独自旅行的人，对絮絮叨叨的陌生

人有些无奈。

100毫不在意，继续热情地诉说

自己的经历："有趣的是，我压根儿想

不起来什么时候参加了这个抽奖！不过，就像外婆常说的——'得了便宜就别再挑拣啦'，我马上开始打包行李，三下五除二收拾好了箱子，告别了朋友们，就上了飞机。"

他凑近邻座，小声耳语道："不过，跟您说句实话，我的朋友其实不算多。我经常觉得有些孤单。您有过那种自己并不属于故乡的感觉吗？"

没等对方回答，100又自顾自地说："我猜大城市里有这种感觉的家伙可能不少。城市太大了，数又无穷

无尽……"

邻座挤出一个礼貌的微笑，尽量避免接触100兴奋的目光。

可是100不在乎，仿佛只要说出来就够了："不管怎么说，现在我在这里！我相信乘法表岛上一定有一场新奇、好玩的冒险等着我，我还会遇到很多新朋友！他们可能像我一样，是从其他地方来的游客，也可能是当地居民……"

说着，他又转过头，鼻尖贴在舷窗上，不愿错过窗外的风景。此时，飞机正在高空飞行，从舷窗向下看，一座座岛屿就像一盘被打翻的珍珠，星星点点地撒在海面上。旅游手册上说，岛民们天天跳水、嬉戏，进行各种沙滩比赛，例如沙滩排球、沙堡大战等，无忧无虑，一派悠然。100想象着那些画面，向往不已。

"您不是数，有些规律您可能不知道吧？"100又滔滔不绝地说了起来，"每座岛都有自己的规律，规定了谁可以待在那里，例如偶数岛只接待偶数，奇数岛只接待奇数。每座岛上的生活

都很简单，大家都很放松。"他的语气里流露出一丝羡慕。

邻座漫不经心地附和了一下，又把脸埋进了杂志里。但是，100一点儿放松的机会也不给他，随着飞机高度下降，岛屿的轮廓变得清晰，100又抓住他的胳膊，热情地指着外面说："那是名数岛！您看到那一排排漂亮的别墅了吗？听说119就住在那里，就是那个解决了很多紧急事件的英雄数！6应该也住在那里，他是我最喜欢的演员，他有时本色出演，有时能

活脱儿演出9的模样，是个当之无愧
的演技派！"

　　随着一阵轻微的晃动，客舱里响
起了广播："飞机即将降落，请大家系
好安全带！"

可是连这个都不能打断 100 的谈兴。

"我们到啦，到啦！"他忍不住轻轻拍着手欢呼，"我们的目的地——乘法表岛！"

他又把脸贴在舷窗上，继续贪婪地朝下看。下方是座四四方方的小岛，

海浪正慵懒地拍打着沙滩。

　　他默默地想："为什么旅游手册上关于这座美丽小岛的介绍如此之少呢？"

第 2 章

无人知晓

从高处看，乘法表岛真是美不胜收。岛中央是一座小山，四周都是平坦的沙地，高大的棕榈树和漂亮的太阳伞间隔排列着。

飞机越飞越低，100逐渐辨认出一排排色彩鲜艳的小房子，那应该是居民区。旁边是一栋高大、洋气的白色建筑，不同楼层间错落布置着好几个游泳池。建筑正面巨大的招牌上写着"唯一大酒店"。

"那应该是小岛上的镇子吧？那个词叫什么来着……"

"百数镇。'百数'这个词来自古希腊语，意思是'100'。"邻座终于出声了。

"哦，原来是这样！"飞机在跑道上滑行，100转头看着邻座，开心得仿佛第一次看见他一样，"这不就是我的名字吗？"

邻座什么
都没有说，只
是冲他调皮地
眨眨眼，然后
起身收拾行李，
很快消失在100的视线中。

100走下飞机，一边走一边打量小岛的机场。这个机场可真是有些让人失望，设施有点儿寒酸，人也很少，一点儿都不像旅游胜地。

他还没想明白是怎么回事，就被涌上来欢迎他的数包围了。美丽的数

xiǎo jiě men chuān zhe yǒu dāng dì tè sè de fú zhuāng jiāng xiān

小姐们穿着有当地特色的服装，将鲜

yàn de huā huán tào zài tā de bó zi shàng zhù yuàn tā zài

艳的花环套在他的脖子上，祝愿他在

zhè lǐ dù guò yú kuài de jià qī zhōu wéi suǒ yǒu de shù

这里度过愉快的假期。周围所有的数

dōu gǔ qǐ zhǎng lái bāo kuò fēi jī jī zhǎng hé qí tā zhí

都鼓起掌来，包括飞机机长和其他职

yuán bú guò tā men jiā qǐ lái yě méi jǐ gè shù

员——不过他们加起来也没几个数。

duì yú zhè me rè qíng
对于这么热情
de huān yíng　　　yǒu diǎnr
的欢迎，100有点
bù xí guàn　　tā jū jǐn
儿不习惯。他拘谨
de duì dà jiā biǎo shì gǎn xiè
地对大家表示感谢，
kuài bù xiàng wài miàn zǒu qù
快步向外面走去。

看着周围的一切，一丝不安浮现在他心中："是因为游客太少，他们才把我的到来当成一件大事吗？可现在应该是旅游旺季啊，这到底是怎么回事？"

机场的自动门在100身后关上了。他拉着行李箱，走向出租车站。虽然有些疑惑，但他还是决定抛开所有的事情，先好好地享受假期。他可不想让任何事打搅这幸运的假期。

乘法表岛很小，100坐着出租车，很快就到达了酒店。踏进酒店的大门，

100松了口气："从现在开始，我要和所有的烦恼说再见！我要好好享受沙滩和阳光，像每个游客那样……"

"他来了！他来了！"听到这声音，100吓了一跳。只见酒店大堂里站满了来欢迎他的数，好像整座岛上的数全来了！

他没猜错。他又看到了刚才那几个美丽的数小姐，还有机长和出租车司机。

他们都是专门来迎接他的吗？

他偷偷地回头看，希望有个大人

物出现在身后，例如像派大师（π）那样著名的常数。可是，他的身后空空如也。除了鼓掌，数们还在高声呼喊他的名字："100！100！"这下错不了了。

100僵在原地，几乎要化为石头。他紧紧抓着行李箱的把手，仿佛那是一条坚固的锚链，而自己是风雨中飘荡的小船。

27突然冲出来，给了100一个结实的拥抱，这举动让本来就惊慌失措的100更加害怕了。

"你不知道我们等了你多久！现在
我们终于是完整的 100 个数了！"

100 吓得往后跳了一步，疑虑浮
上心头："我就该想到所谓的中奖可
能是个陷阱！"

他忍不住失望地大喊："你们把我

骗到这里来，就是为了故意捉弄我，是不是？"

"捉弄你？怎么可能呢？我们非常真诚地欢迎你来到百数镇。虽然从今天开始，我们才是真正完整的100个数！"另一个27愉快地说。

100环视四周，快速数了一下在场的数，确实有99个。但是他看不出来这些数的组成有什么规律。有偶数也有奇数，没有明显的特点。

"为什么有两个27？又为什么有4个8？11和22在哪里？13和17

怎么也没有？这里不会是什么邪恶的秘密组织吧？"100掩饰不住自己的恐慌。

先前那个27露出伤心的表情："你想知道真相吗？真相就是我们也不知道自己的规律是什么。没有人知道！"他无奈地摇着头。

"这不可能！"100从来没听说过这样的事。

27努力挤出一个微笑："但有一件事我们可以确定——因为你的到来，我们确实是100个数了！"

另一个27接着说："这不可能是巧合。我们99个数盼星星盼月亮等来的数，正好是100，这绝不是偶然事件。"

"所以，这不是你们给我设下的陷阱？"预想中的完美假期发生了180度的转变，100将信将疑。

"当然不是！看到预定酒店的客人的名字，大家都很激动，所以都跑到这里来迎接你了。"一个9大声地回答道。

"说实话，关于乘法表岛的规律，我们希望能从你这里获得答案。"一个27嘟囔道。

"我们猜测过种种可能，包括那些最不好的情况。"一个36强忍着泪

^{shuǐ} ^{bǔ chōng dào}
水，补充道。

^{bǐ rú nǎ xiē qíng kuàng} ^{shì tàn xìng}
"比如哪些情况？"100 试探性

^{de wèn}
地问。

^{bǐ rú} ^{wǒ men qí shí shì yì xiē bèi yí qì de}
"比如，我们其实是一些被遗弃的

^{shù} ^{yīn wèi shù liàng tài duō le} ^{bù zhī dào gāi fàng}
数……因为数量太多了，不知道该放

^{zài nǎ lǐ} ^{jiù quán bù rēng dào zhè lǐ lái le}
在哪里，就全部扔到这里来了！"3

^{gè} ^{qí shēng shuō}
个 36 齐声说。

"才不是呢，外面的世界也都塞满了各种数！数绝不会因为数量太多就被遗弃，相信我。"100反对这个猜测。

"或许我们得了某种怪病，会传染给别人，所以被送到这里隔离？"一个24假设道。

"哪有什么怪病？我看大家都健康得很！"

"或许这里是一座监狱，我们因为表现得不好被关到了这里。"唯一的1终于开口说话了。他是唯一大酒店的经理。"就说我吧，我和任何数相乘都只能得到那个数本身……别的数不是这样的。"

"可这是符合数学规律的啊！"100回答道。

"慢着，我还没说完……我还有其他问题。一个数除以我，也只能得到他自己！你从来没听说过这种怪事吧？这肯定是一个严重的罪名。"

"在我的故乡，每个1都像你这样，这绝对不是怪事，也不是罪！"100对他拍着胸脯保证。

"真的吗？"1经理激动得眼睛都湿润了。

"也许，真相就是这里确实没有规律。"3个9小声地说。这句话让所有数都有点儿心慌。真相到底是什么呢？

100勉强地开口说："从来没发生过这样的事，数学世界的每座岛都有各自的规律，这是众所周知的事情！"为了证明自己的话，他掏出数学之旅俱乐部的小册子。

"那么，如果我们不是坏蛋，也没

有生病或被抛弃，为什么不像别的岛上的数一样很容易找到自己存在的规律呢？"数们焦虑地看着100，仿佛这个新来的家伙是救世主，掌握一切问题的答案。

"我要是知道就好了！"100无奈地说。闻言，大家都重重地叹了口气。

天色已晚，大家看上去都快快不乐，各自散去了。100也默默来到了酒店的房间中。

"真没想到，想象中无忧无虑的假

期竟然是这样开始的。"

他站在面向大海的阳台上，白色的海浪正温柔地冲刷着沙滩，安静中透着一丝荒凉。

第 3 章

毕达哥拉斯驾到

第二天早上，100下楼吃早餐。

餐厅就在游泳池前方。餐厅里只有一对年老的分数夫妇和一个歪在躺椅上的游客，安静极了。那个游客正在悠闲地看报纸，摊开的报纸严严实实地遮住了他的脸。一个24穿着侍者的制服走了过去，给他送上新鲜的羊

jiǎo miàn bāo hé yì bēi kǎ bù qí nuò
角面包和一杯卡布奇诺。

ráo yǒu xìng zhì de kàn zhe tā men liǎ zhī jiān
100 饶有兴致地看着他们俩之间

de kè tào yóu kè shuō nǐ men de fú wù zhēn shì tài
的客套。游客说："你们的服务真是太

tiē xīn le shì zhě dá wǒ hái néng wèi nín zuò diǎnr
贴心了！"侍者答："我还能为您做点

shén me
儿什么？"

guò le yí huìr yòu guò qù dào kā fēi
过了一会儿，24 又过去倒咖啡，

两个人之间仍然非常客气。

100 忍不住悄悄问 24："你为什么对他这么热情？"

"他是我们这里的常客，来自几何大陆，每年都来度假。"24 解释道，随后又愁眉苦脸地补充了一句，"他可是唯一一个每年都来的客人啊。"

"这么冷清的地方还每年都来，这是个什么样的人呢？"100 暗自想着。

他想好好看看那个人的模样，可是那人的脸被报纸遮着，只能看到他穿的那件奇怪的衣服，斜着围在身上，像

yí jiàn dà yù páo
一件大浴袍。

nǐ men jīn tiān yào bàn yù páo pài duì ma tā
“你们今天要办浴袍派对吗？”他

bàn kāi wán xiào de wèn shì zhě
半开玩笑地问侍者24。

wǒ dào xī wàng shì zhè yàng ne tàn le
“我倒希望是这样呢！”24叹了

kǒu qì wǒ men yǐ jīng hěn jiǔ méi yǒu jǔ bàn guò shén me
口气，“我们已经很久没有举办过什么

pài duì le
派对了。”

nà wèi shén me nà wèi xiān shengchuān zhe yù páo
“那为什么那位先生穿着浴袍？”

nà wèi shén mì kè rén de shēng yīn cóng bào zhǐ xià miàn
那位神秘客人的声音从报纸下面

chuán lái zhè bú shì yù páo ér shì gǔ xī là de
传来：“这不是浴袍，而是古希腊的

cháng páo zài wǒ de guó dù lǐ zhè kě shì hěn shí
长袍。在我的国度里，这可是很时

máo de
髦的！”

děng děng zhè ge shēng yīn yǒu diǎnr ěr
“等等……这个声音有点儿耳

shú 　　　　dà hǎn yì shēng
熟！"100 大喊一声，

tā shǒu zhōng de bēi zi měng
他手中的杯子猛

de yí huàng 　kā fēi dōu pō dào
地一晃，咖啡都泼到

le zì jǐ de xià wēi yí huā chèn
了自己的夏威夷花衬

shān shàng
衫上。

nà rén zhōng yú fàng xià bào
那人终于放下报

zhǐ 　　cháo 　　jǐ ji
纸，朝100挤挤

眼睛，接着露出了笑容。他穿在袍子里的T恤上的图案，正是由10个红色圆点排列成的三角形。

100激动地指着他说："您是飞机上坐在我旁边的人！"

"是的，正是在下。我叫毕达哥拉斯①。"他举起手打招呼，"100，我记得你。"

"毕……毕达哥拉斯？"100惊呆了，说话都变得结巴了，"您是那个伟

---

① 古希腊数学家、哲学家，是西方最早发现勾股定理的人，故勾股定理在西方被称为毕达哥拉斯定理。此外，他还提出了"黄金分割"概念。——编者注

dà de gǔ xī là shù xué jiā
大的古希腊数学家？”

bié zhè me kè qi suǒ yǒu de shù dōu shì wǒ de
“别这么客气。所有的数都是我的

péng you
朋友。”

qǐng yǔn xǔ wǒ mào mèi de wèn yí jù wǒ shàng
“请允许我冒昧地问一句，我上

xué shí zài kè běn shàng xué guò guān yú nín de zhī shi nín
学时在课本上学过关于您的知识，您

shēng huó zài gōng yuán qián shì jì zěn me huì chū xiàn zài
生活在公元前6世纪，怎么会出现在

zhè lǐ
这里？”

què shí wǒ zài rén lèi shì jiè lǐ xiāo shī le hěn
“确实，我在人类世界里消失了很

jiǔ hā hā bì dá gē lā sī lù chū yí gè jiǎo huá
久，哈哈。”毕达哥拉斯露出一个狡猾

de wēi xiào tā zhàn qǐ lái zǒu dào zuò de xiǎo
的微笑。他站起来，走到100坐的小

zhuō zi páng dàn shì zài shù xué shì jiè lǐ wǒ kě yǐ
桌子旁：“但是在数学世界里，我可以

jì xù ān xīn de shēng huó xià qù xiàng wǒ de xǔ duō péng
继续安心地生活下去，像我的许多朋

友那样。例如欧几里得①，他来到数学
世界后剃掉了自己的大胡子，最近经
常在数学海岸和朋友们冲浪呢，他的
朋友就是那帮疯狂的无理数。还有安
静、内向的奈皮尔②先生，总在对数

---

① 古希腊数学家，被称为"几何之父"。他最著名的著作《几何原本》
是欧洲数学的基础，他在这本书中证明了$\sqrt{2}$是无理数。——编者注
② 约翰·奈皮尔，苏格兰数学家，对数的发现者。 ——编者注

珊瑚礁附近和他的常数一起享受阳光呢。他们都和自己在数学领域的发现紧密联系在一起。这些规律是永恒的，所以，他们的存在也是永恒的。"

"您这样一个精通数学规律的人，为什么会到这座没有规律可言的岛上来度假？"100好奇地问道。

"这座岛是我最喜欢的岛！岛上的规律正是我发现的。"

常数

"您说什么？

这里有规律？”100 和周围的数齐声问道。

著名的大数学家毕达哥拉斯在岛上秘密度假的消息迅速传开了。

"和其他的岛不同，这里的数根本没有规律！"一旁的酒吧招待 81 说，"偶数岛上都是偶数，奇数岛上都是奇数，而我们……"

听了他的话，毕达哥拉斯显然吃了一惊："你们不知道自己有规律？"

在场的所有数异口同声地说："不知道！"

25、49、64 和 81 充满怨气地说："我们都只有一个，他们却有好几个！""他们"是指 4、9、16 和 36。36 连忙指着 24 说："那 24 呢？足足有 4 个！"

"你们就是忌妒吧！" 24 不客气地回敬道。

一开始，数们只是相互指责，后来情绪越来越激动，最后直接动起手来，游泳池边乱作一团。

毕达哥拉斯极力想分开扭打在一起的数们："伙计们，别这样！冷静点

儿！我带你们去抽彩游戏岛上玩玩怎么样？”他提议道，“那里有90个非常友善的伙伴，你们可以一起玩！”

但是谁也没搭理他。大家压抑已久的苦闷终于找到了发泄的机会，哪里控制得了呢？

毕达哥拉斯努力想拉住那些最愤怒的数，可是徒劳无功，自己还在混乱中挨了几脚。他觉得这一切太不理智了，于是大声喊道："够了！不要再打了！"

他的脑海中忽然冒出一个主意：

请他们去四则运算餐厅吃一顿怎么样？也许美味的食物能让他们转移注意力，坐下来平和地聊一聊。

于是，他说："我知道一家餐厅，重新装修后开张不久，有许多美味佳肴，还有专门给素食者的菜谱，是我的最爱！大家都去，我请客！"

经过一场混战，数们气喘吁吁，浑身青一块紫一块的，早已打不动了。

"我保证，会给你们想要的解释！"毕达哥拉斯最后的这句话终于让大家安静下来了。

100 还在担心怎么收拾游泳池边的烂摊子，1 经理已经跑到电话旁，通知岛上的所有居民，马上到四则运算餐厅集合。

第 4 章

我们也有规律吗

这些数虽然性子有点儿急，但说到底都是些好数。他们在餐厅的长桌前坐好，这儿足足有101个座位。不一会儿，他们就开始叮叮当当地碰杯，挥舞着刀叉大快朵颐。他们聊天、说笑，有的为刚才的冲动道歉，有的拍着胸脯高呼友谊长存。

而他们的特别贵宾——坐在上座
的毕达哥拉斯，提议大家一起干一杯。

"我敬在座的诸位一杯！你们是我
最喜爱的数！"

"真的吗？"1经理惊讶地说，"我
们一直觉得自己被抛弃了，没人在
意，默默生活在一个连规律都没有的

dì fang
地方。"

bié shuō sàng qì huà　　shì shí qià qià xiāng fǎn
"别说丧气话，事实恰恰相反！"

bì dá gē lā sī rè qíng de huí dá　　nǐ men cóng lái méi
毕达哥拉斯热情地回答，"你们从来没

xiǎng guò　　wèi shén me zhè zuò dǎo de míng zi shì chéng fǎ biǎo
想过，为什么这座岛的名字是乘法表

dǎo ma
岛吗？"

wǒ men yǐ wéi shì yīn wèi zhè zuò dǎo sì sì fāng fāng
"我们以为是因为这座岛四四方方

de　　ràng rén lián xiǎng dào biǎo gé
的，让人联想到表格。"

"是的。不过，这可不是普通的表格，是毕达哥拉斯乘法表！"

数们面面相觑，疑惑地看着他。

大家都不明白毕达哥拉斯乘法表是什么意思。

"现在我终于知道为什么你们总是愁眉苦脸的了！我每年来度假，总感觉你们很不开心，而且一年比一年忧郁，连对数珊瑚礁附近的数都没这么垂头丧气。我建造了这座岛，在漫长的时间里把你们一个接一个地带到这里来。这里，就是你们的宿命之地。"

100 听着这些话，忽然明白了：

"唉，这哪里是什么旅行大奖！就是您设法把我弄到这里来的。我就说嘛，这是个圈套！"

"哈哈，是的，就差你了！但是，你完全不必为此感到沮丧，因为你在这里发挥着至关重要的作用，他们也是一样的。"毕达哥拉斯对着 100 举起酒杯，"大家一起干了这一杯吧！你们都是完美符合我的规律的数！"

"您的规律究竟是什么？"满桌的数齐声问道。这悬念（以及满桌的食物）快让他们喘不了气了。

毕达哥拉斯摘下餐巾，指了指远处岛中央的小山。那座山底部呈正方形，山顶也呈正方形，仿佛一座被削掉顶部的金字塔。"你们要的答案就在那里！难道你们从来没上去看过？"

"谁会想去那里？山顶的形状很像火山口啊，"25小心翼翼地说，"我可不想因为好奇而葬身火海！"

"多年前我刚来到岛上时尝试过，"1经理说，"但是太难爬了，我很快就放弃了。为什么要在一座海岛

上苦练登山呢？”

“因为各种原因，渐渐地，我们就不再关注那座山了。”70总结道。

“我原本以为你们很有钻研精神！”毕达哥拉斯沉思着，脸上的笑容消失了，“不过，也许是我期待得太多。正好，现在大家吃饱了，咱们一起去山上看看吧。”说着，他站了起来。

他要求数们按由大到小的顺序排成长长的一队。100紧跟在他身后，1经理则排到了队伍尽头。

有些同样的数有好几个，为了谁在前谁在后这个问题，免不了又吵了起来。但被毕达哥拉斯教训了几句，他们就乖乖地安静站好了，就像一群要去郊游的小学生。

毕达哥拉斯吹了一声口哨，全体数迈着整齐的步伐朝山坡走去，一路上还喊着整齐的口号："我们也有自己的规律！自己的规律！自己的规律！"

第 5 章

山顶的秘密
shān dǐng de mì mì

shàng shān de lù fēi cháng dǒu qiào
上山的路非常陡峭，

hái wān wān qū qū de dà jiā dōu jiān
还弯弯曲曲的。大家都坚

dìng de gēn suí zhe tā men de shù xué
定地跟随着他们的数学

jiā xiàng dǎo méi yǒu yí
家向导，没有一

个数掉队。越接近山顶越难爬，但是强烈的好奇心支撑着他们，他们一点儿也不觉得辛苦。

他们一直喊着口号，直到到达山顶。

站在山顶极目远眺，深蓝的大海、雪白的浪花、美丽的沙滩……一望无际的美景能让人忘却一切烦恼。但是，除了外地游客100感觉新鲜，几乎没有数关心这些。

99双眼睛都直直地看着别处。只见山顶中央有一块巨大的正方形空地，空地中央是一块闪光的玻璃地板，四周绿茵茵的草坪仿佛一块绒毯。低处的朵朵白云几乎贴着草坪，轻轻飘散。

数们都围到这块空地边，凑近了仔细观察，随后发出一阵阵惊呼——这明显是人为的景象，不是自然天成的。下午的阳光照射在玻璃上，闪耀着五彩的光芒。

"啊，多么迷人！"21欣喜地赞叹，虽然他完全不知道这一大片空地有什么作用。

"上面划分了许多小格子……每行有11个呢。"1经理带着敬意，喃喃自语道。

"一共有121个格子，"思维敏捷的14已经数完了，"你们看第一行和第一列，正好是数字1到10。"

但除去第一行和第一列，其余格子都是空着的。透过透明的玻

璃板，可以看到每个格子下面有一盏小灯。左上角的格子有些特别，里面没有数字，却有一把红色的扶手椅，椅子前面是一个控制台，台面的图案就像缩小版的地面玻璃板。唯一的区别是，数都被替换成了按钮。

"这究竟是什么啊？"大家既兴奋又紧张。

"这就是你们一直寻找的规律！"毕达哥拉斯骄傲地回答道，"这就是毕达哥拉斯乘法表！是我最著名的发现。这个表能够解释你们为什么在这里。"

大家高兴极了，抱在一起又跳又叫，搂着彼此的肩膀，对着天空大喊："万岁！万岁！"

只有100穿过欢庆的数群，走到玻璃板边缘，小心地问："可是，这个东西怎么用呢？"

数们瞬间安静下来，面面相觑。

毕达哥拉斯露出一个令人心安的微笑："我来演示给你们看。"他拍拍手，示意大家听他讲话，"现在要做一件重要的事，请大家走到正确的位置上去。"

"那我应该去左上角的位置，去坐那把扶手椅。我肯定是第一个数！"1经理说着，向扶手椅跑去。

"真遗憾，那是我的位置。"毕达哥拉斯笑眯眯地拦住1经理。他自己坐在扶手椅上，按下了启动键。几秒后，所有格子都亮起了柔和的灯光。

"天哪！"数们都崇拜地看着毕达哥拉斯。他正在俯身整理数据线。

"看来，过了这么长时间，这玩意儿仍然可以正常运转。这也是因为我

确实设计得不错，不然我还算哪门子数学家？"他自顾自地嘟囔着，把按钮挨个儿测试了一遍，然后兴奋地抬起头："好了，朋友们，你们准备好认识自己的规律了吗？"

"当然！"

"就像我答应你们的，揭晓答案的时刻到了！这座岛之所以是你们命中注定的归宿，是因为你们构成了毕达哥拉斯乘法表！"

第 6 章

毕达哥拉斯乘法表

"您说我们是什么？"30 挠着头问。

"你们不知道毕达哥拉斯乘法表？你们了解的数学知识比我想象的还少……没关系，我解释给你们听。简单来说，毕达哥拉斯乘法表列出了所有10以内的数两两相乘的乘积。"

shù men yā què wú shēng
数们鸦雀无声。

bì dá gē lā sī jué dìng jǔ gè lì zi   bǐ
毕达哥拉斯决定举个例子："比

rú   duì yìng de zhè yí liè   shǒu xiān shi   de jié
如 2 对应的这一列，首先是 2×1 的结

guǒ   yě jiù shì   jiē zhe shì   de jié guǒ
果，也就是 2；接着是 2×2 的结果，

yě jiù shì   rán hòu shì   de jié guǒ   jiù
也就是 4；然后是 2×3 的结果……就

zhè yàng yì zhí chéng dào   nǐ men zhī dào rú hé zuò chéng
这样一直乘到 10。你们知道如何做乘

fǎ   duì ba
法，对吧？"

shù men yǒu de tái
数们有的抬

tóu kàn tiān   yǒu de dī
头看天，有的低

tóu kàn zì jǐ de jiǎo jiān
头看自己的脚尖，

qì fēn shí fēn gān gà
气氛十分尴尬：

ǹg   qí shí   wǒ
"嗯……其实，我

呼呼——

men bú huì
们不会。"

100 犹豫地说："要不然您带我们
yóu yù de shuō　　　yào bù rán nín dài wǒ men

快速学习一下吧？"
kuài sù xué xí yí xià ba

毕达哥拉斯托着下巴思考了一会
bì dá gē lā sī tuō zhe xià ba sī kǎo le yí huìr

儿："让我想想看……有了！你们认识
ràng wǒ xiǎng xiang kàn　　　yǒu le　　nǐ men rèn shi

那个在沙滩上出租皮划艇的家伙吗？"
nà ge zài shā tān shàng chū zū pí huá tǐng de jiā huo ma

"海边的佩里诺吗？当然认识，我
hǎi biān de pèi lǐ nuò ma　　dāng rán rèn shi　　wǒ

们刚来的时候还跟他租过皮划艇，出
men gāng lái de shí hou hái gēn tā zū guo pí huá tǐng　chū

海玩过几次呢。"说
hǎi wán guo jǐ cì ne　　shuō

起游玩，气氛变得
qǐ yóu wán　　qì fēn biàn de

轻松了一点儿。
qīng sōng le yì diǎnr

"对，就是他。
duì　　jiù shì tā

现在想象一下，他守着他的皮划艇在海边等待游客。"

听到这话，爱开玩笑的21马上开始挥动双臂，做出划船的样子。旁边的数不客气地拍拍他的脑袋，他才安静下来。

"如果你们中的一个数想租皮划艇出海，需要租多少艘？"

大家马上回答："只需要1艘！"

"是的。但是每艘皮划艇只能坐1

个数，如果 2 个数想一起出海呢？"

"简单，需要 2 艘！"

"答对了，因为每个数都需要 1 艘。如果有 3 个数，就需要 3 艘……以此类推，10 个数想一起出海，就需要 10 艘皮划艇啦！你们刚才做的计算，正是 1 的乘法！1 艘皮划艇有 1 个座位，2 艘皮划艇有 2 个座位，3 艘皮划艇有 3 个座位……10 艘皮划艇就有 10 个座位，就可以 10 个数一起出去玩了。"

"原来是这样啊！这不难！"数们

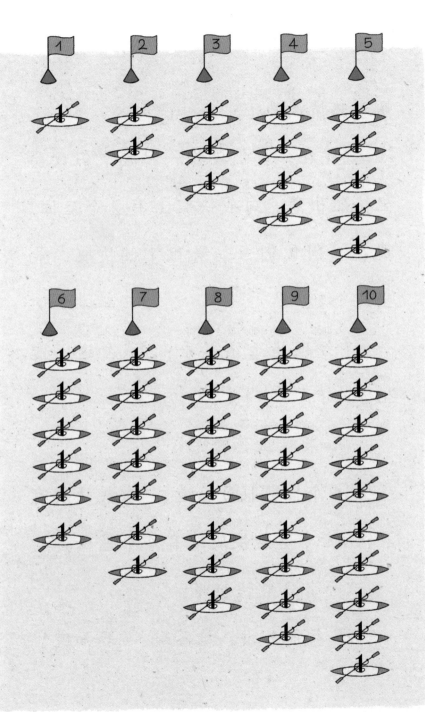

dùn shí rè qíng gāo zhǎng
顿时热情高涨。

xiàn zài wǒ men yào huàn yì zhǒng chuán jiǎ shè yào
“现在，我们要换一种船。假设要

zuò kuài tǐng chū hǎi měi sōu kuài tǐng shàng yǒu gè zuò wèi
坐快艇出海，每艘快艇上有2个座位。

xiàn zài wǒ wèn nǐ men rú guǒ zū sōu kuài tǐng néng
现在我问你们，如果租1艘快艇，能

zuò jǐ gè shù
坐几个数？”

jīng lǐ mǎ shàng jǔ qǐ shǒu wǒ zhī dào néng
1经理马上举起手：“我知道，能

zuò gè
坐2个！”

rú guǒ wǒ zū sōu ne
“如果我租2艘呢？”

gè dá dào měi sōu kuài tǐng yǒu
“4个！”100答道，“每艘快艇有

gè zuò wèi sōu kuài tǐng jiù yǒu gè zuò wèi
2个座位，2艘快艇就有4个座位。”

nà me sōu kuài tǐng ne
“那么3艘快艇呢？”

wǎng qián yí bù qiǎng dá dào wǒ zhī dào
25往前一步，抢答道：“我知道！

3 艘快艇有 6 个座位！"

"答对了！那么 10 艘快艇呢？"

"每艘快艇有 2 个座位，10 艘就有 20 个座位啦！"数们七嘴八舌地回答。

"这样一来，2 的乘法就完成了！"毕达哥拉斯微笑着说，"再说说脚踏船

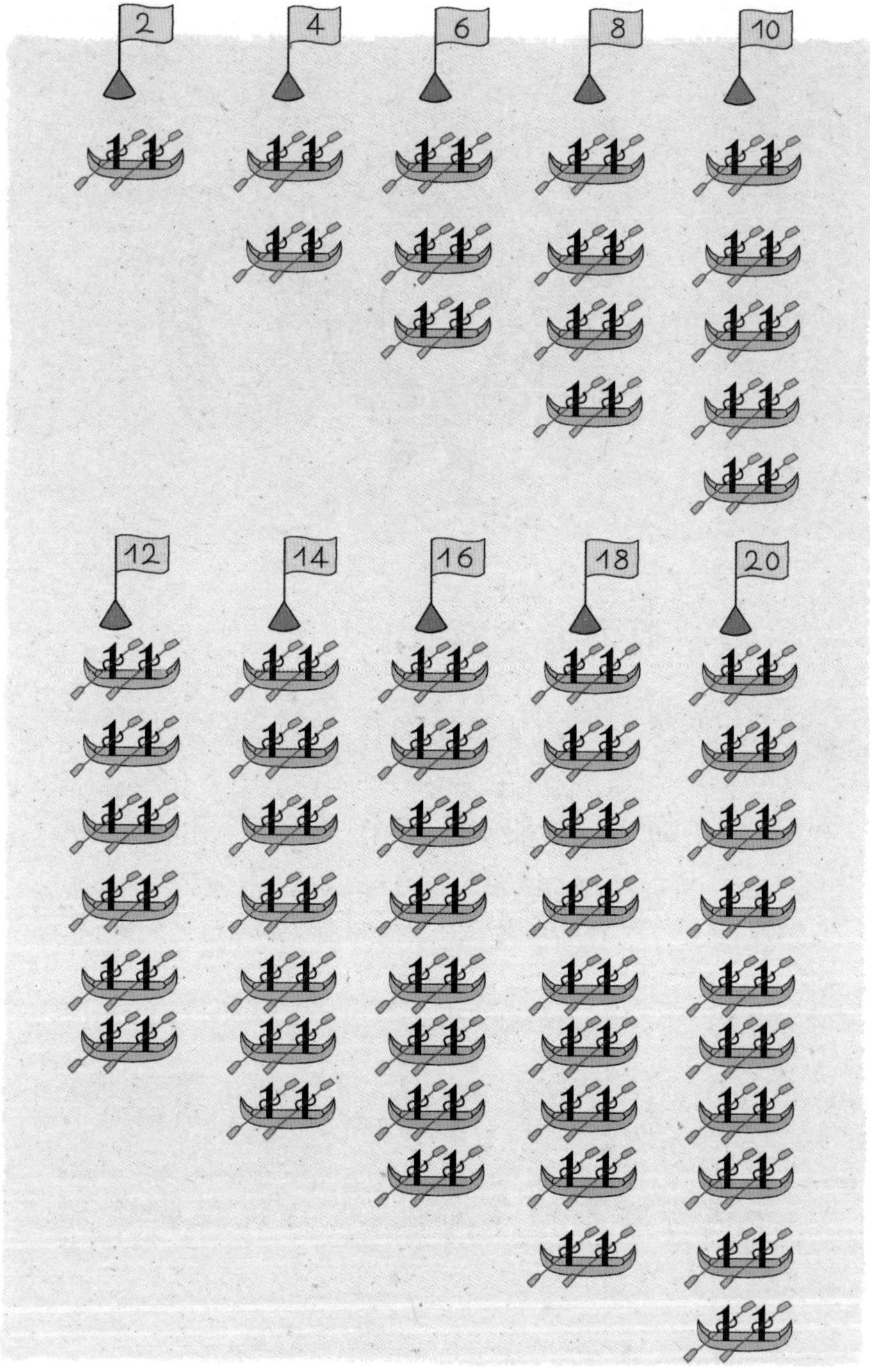
2
4
6
8
10
12
14
16
18
20

吧！每艘脚踏船能坐 4 个数，那么 2 艘脚踏船能坐几个数呢？"

"8 个！每艘能坐 4 个，2 艘当然就能坐 8 个喽。"

"那么 3 艘脚踏船呢？"

"12 个！"

"如果租了 10 艘呢？"

"40！"大家越说越兴奋。

"你们太棒了！这就是 4 的乘法表！"毕达哥拉斯一边说，一边满意地靠在扶手椅上。"现在，你们明白这个表是怎么用的了吗？"

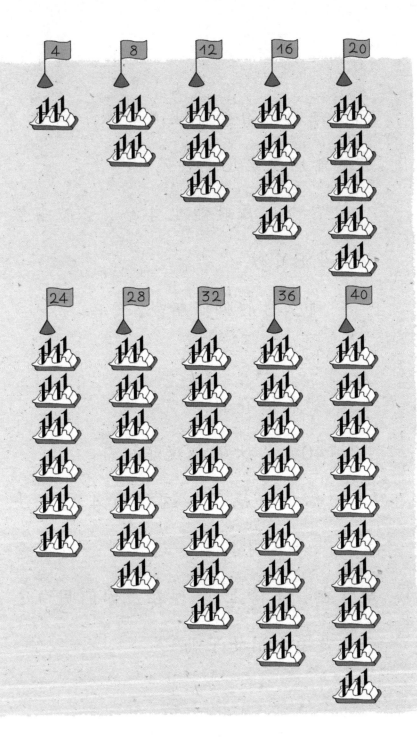

míng bai le
“明白了！”

jīng lǐ huǎng rán dà wù   pāi le pāi nǎo ménr
1经理恍然大悟，拍了拍脑门儿：

tiān na   gēn jù zhè ge biǎo   wǒ men měi gè shù dōu shì
“天哪，根据这个表，我们每个数都是

yǒu yì yì de   shì wǒ men zǔ chéng le zhè ge biǎo   zhè
有意义的！是我们组成了这个表！这

jiù shì wǒ men de guī lù
就是我们的规律！”

nǐ děng zhe qiáo   zhè biǎo lǐ de guī lù hái bù zhǐ
“你等着瞧，这表里的规律还不止

zhè xiē ne   bì dá gē lā sī yì wèi shēn cháng de shuō
这些呢。”毕达哥拉斯意味深长地说。

第 7 章

你该站在哪一格

shù qún zhōng yǒu gè shù yóu yù zhe jǔ
数群中有个数犹豫着举

qǐ le shǒu shì
起了手。是1。

dàn shì rú guǒ bú yòng
"但是，如果不用

chuán jǔ lì zěn yàng cái néng kàn
船举例，怎样才能看

dǒng nín de biǎo ne dà jiā zěn
懂您的表呢？大家怎

me zhī dào chéng fǎ jì suàn shì fǒu
么知道乘法计算是否

zhèng què ne
正确呢？"

zhè ge ma nǐ men yǐ jīng kàn dào le de chéng
"这个嘛，你们已经看到了1的乘

fǎ biǎo chéng dào de chéng jī shí jì shàng jiù shì
法表，1乘1到10的乘积实际上就是

dào zhè gè shù
1到10这10个数。"

shì a zhè ge hěn jiǎn dān dàn shì qí tā
"是啊，这个很简单。但是其他

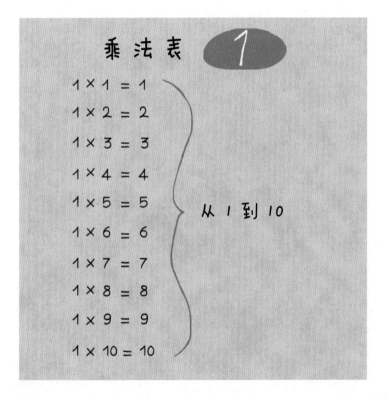

shù ne
数呢？”

chéng dào de chéng jī shì dào zhōng
“2 乘 1 到 10 的乘积是 2 到 20 中

de ǒu shù àn cóng xiǎo dào dà de shùn xù pái liè
的偶数，按从小到大的顺序排列。”

nà me ne
“那么 3 呢？”

乘法表 2
2 × 1 = 2
2 × 2 = 4
2 × 3 = 6
2 × 4 = 8
2 × 5 = 10
2 × 6 = 12
2 × 7 = 14
2 × 8 = 16
2 × 9 = 18
2 × 10 = 20
从小到大

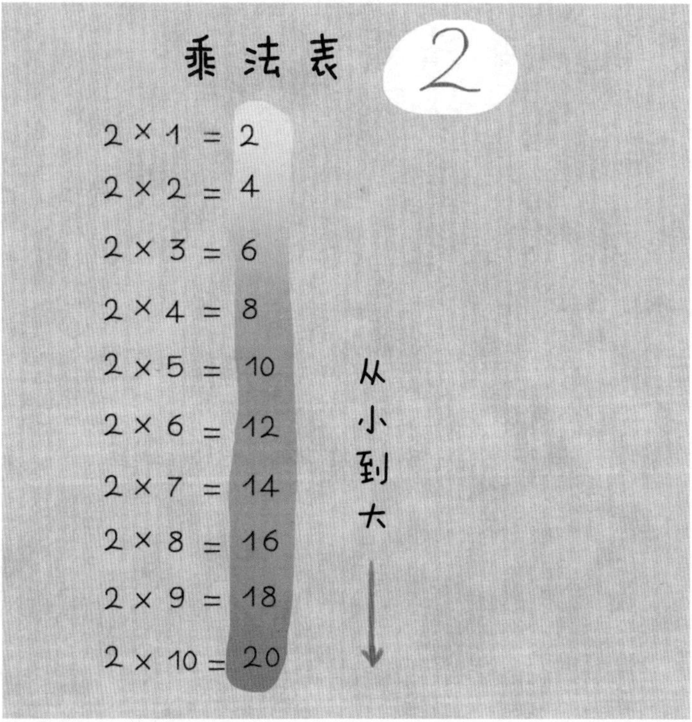

rú guǒ bǎ　　chéng　dào　　　de chéng jī liè chū
"如果把 3 乘 1 到 10 的乘积列出

lái　　jiù néng fā xiàn guī lù　　hǎo hǎo guān chá　　fā xiàn
来，就能发现规律。好好观察，发现

le ma　　qián　　gè chéng jī fēn bié shì
了吗？前 3 个乘积分别是 3、6、9，

hòu miàn de chéng jī dōu shì liǎng wèi shù　　jiāng tā men de gè
后面的乘积都是两位数，将它们的个

乘法表 3

$3 \times 1 = 3$

$3 \times 2 = 6$

$3 \times 3 = 9$

$3 \times 4 = 12 \longrightarrow 1 + 2 = 3$

$3 \times 5 = 15 \longrightarrow 1 + 5 = 6$

$3 \times 6 = 18 \longrightarrow 1 + 8 = 9$

$3 \times 7 = 21 \longrightarrow 2 + 1 = 3$

$3 \times 8 = 24 \longrightarrow 2 + 4 = 6$

$3 \times 9 = 27 \longrightarrow 2 + 7 = 9$

$3 \times 10 = 30 \longrightarrow 3 + 0 = 3$

位数与十位数相加，得到的结果也是
按3、6、9这个顺序循环排列的。"

"啊，是真的！"

"按上面的方法观察4乘1到10

乘法表 4

4 × 1 = 4

4 × 2 = 8   8

4 × 3 = 12 → 1 + 2 = 3   3

4 × 4 = 16 → 1 + 6 = 7   7

4 × 5 = 20 → 2 + 0 = 2   2

4 × 6 = 24 → 2 + 4 = 6   6

4 × 7 = 28 → 2 + 8 = 10 , 1 + 0 = 1   1

4 × 8 = 32 → 3 + 2 = 5   5

4 × 9 = 36 → 3 + 6 = 9   9

4 × 10 = 40 → 4 + 0 = 4   又回到   4

的乘积，得到的结果并没有规律。不
过 5 乘 1 到 10 的乘积有另一种规
律——乘积的个位不是 0 就是 5。"

"哦，5 的规律真的很明显！那么

乘法表 5

5 × 1 = 5   5
5 × 2 = 10   0
5 × 3 = 15   5
5 × 4 = 20   0
5 × 5 = 25   5
5 × 6 = 30   0
5 × 7 = 35   5
5 × 8 = 40   0
5 × 9 = 45   5
5 × 10 = 50   0

de guī lù shì shén me yàng de ne
6 的规律是什么样的呢？"

de guī lù yǒu xiē xiàng　　bǎ liǎng wèi shù de
"6 的规律有些像 3，把两位数的

chéng jī de gè wèi shù hé shí wèi shù xiāng jiā　　zuì zhōng jié
乘积的个位数和十位数相加，最终结

guǒ zǒng shì de bèi shù rú guǒ xiāng jiā dé dào de shù
果总是 3 的倍数。如果相加得到的数

乘法表 6

6 × 1 = 6		
6 × 2 = 12 → 1 + 2 = 3	3
6 × 3 = 18 → 1 + 8 = 9	9
6 × 4 = 24 → 2 + 4 = 6	6
6 × 5 = 30 → 3 + 0 = 3	3
6 × 6 = 36 → 3 + 6 = 9	9
6 × 7 = 42 → 4 + 2 = 6	6
6 × 8 = 48 → 4 + 8 = 12 , 1 + 2 = 3	3
6 × 9 = 54 → 5 + 4 = 9	9
6 × 10 = 60 → 6 + 0 = 6 又回到 6

shì liǎng wèi shù jiù zài bǎ zhè ge liǎng wèi shù de gè wèi
是两位数，就再把这个两位数的个位

shù hé shí wèi shù xiāng jiā zhí dào dé dào yí wèi shù
数和十位数相加，直到得到一位数，

àn zhè ge shùn xù chóng fù chū xiàn
按6、3、9这个顺序重复出现。"

chéng dào de chéng jī bì dá gē
"7乘1到10的乘积，"毕达哥

乘法表 7

7 × 1 = 7

7 × 2 = 14 → 1 + 4 = 5   5

7 × 3 = 21 → 2 + 1 = 3   3

7 × 4 = 28 → 2 + 8 = 10 ， 1 + 0 = 1   1

7 × 5 = 35 → 3 + 5 = 8   8

7 × 6 = 42 → 4 + 2 = 6   6

7 × 7 = 49 → 4 + 9 = 13 ， 1 + 3 = 4   4

7 × 8 = 56 → 5 + 6 = 11 ， 1 + 1 = 2   2

7 × 9 = 63 → 6 + 3 = 9   9

7 × 10 = 70 → 7 + 0 = 7   又回到 7

拉斯微笑着继续说，"和 4 的特点有些像。将两位数的乘积的个位数与十位数相加，直到得到一位数。最终得到的数在 1 到 9 之间，但是没有什么规律。"

乘法表 8

8 × 1 = 8

8 × 2 = 16 → 1 + 6 = 7   7

8 × 3 = 24 → 2 + 4 = 6   6

8 × 4 = 32 → 3 + 2 = 5   5

8 × 5 = 40 → 4 + 0 = 4   4

8 × 6 = 48 → 4 + 8 = 12 ， 1 + 2 = 3   3

8 × 7 = 56 → 5 + 6 = 11 ， 1 + 1 = 2   2

8 × 8 = 64 → 6 + 4 = 10 ， 1 + 0 = 1   1

8 × 9 = 72 → 7 + 2 = 9 一开始没出现的 9

8 × 10 = 80 → 8 + 0 = 8   又回到 8

"至于8嘛，将两位数的乘积的个位数和十位数相加，直到得到一位数。最终结果是1到9之间的数，而且是按8、7、6、5、4、3、2、1、9、8这个顺序排列的。"

"这么神奇？您不是开玩笑吧？"

"你们自己试试看。"

"9乘1到10的乘积……"毕达哥拉斯越说越起劲。从2000多年前到现在，他很久没这么畅快地聊过数学了。"9的规律更加神奇，两位数的乘积的个位数和十位数相加，总是

乘法表 9

$9 \times 1 = 9$

$9 \times 2 = 18 \longrightarrow 1+8 = 9$ 　　9

$9 \times 3 = 27 \longrightarrow 2+7 = 9$ 　　9

$9 \times 4 = 36 \longrightarrow 3+6 = 9$ 　　9

$9 \times 5 = 45 \longrightarrow 4+5 = 9$ 　　9

$9 \times 6 = 54 \longrightarrow 5+4 = 9$ 　　9

$9 \times 7 = 63 \longrightarrow 6+3 = 9$ 　　9

$9 \times 8 = 72 \longrightarrow 7+2 = 9$ 　　9

$9 \times 9 = 81 \longrightarrow 8+1 = 9$ 　　9

$9 \times 10 = 90 \longrightarrow 9+0 = 9$ 　　9

dé
得 9！"

tài jīng rén le　　　　shù men zàn bù jué kǒu
"太惊人了！"数们赞不绝口。

guān yú　　chéng　　dào　　　de chéng jī　　hái yǒu
"关于 9 乘 1 到 10 的乘积，还有

yí gè yǒu qù de xiǎo jì qiǎo　　nǐ men bù fáng shì yi shì
一个有趣的小技巧，你们不妨试一试。

把 10 根手指摆在眼前，接着数手指就可以了。例如，要算 9×7，就从最左边开始数，数到第 7 根手指，弯曲这根手指的指关节作为标记，此时这根手指左边有 6 根手指，右边有 3 根，而 9×7 正好等于 63！怎么样，很好用吧？"

数们全都伸出手，好奇地摆弄起自己的手指来。

"那关于 10 的乘法呢？"

"那就更简单了，只要在乘数后面加上 1 个 0 就可以。"

9 的乘法小技巧

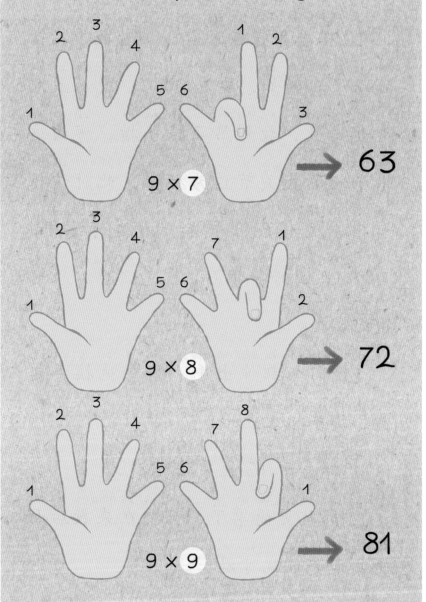

9×7 → 63

9×8 → 72

9×9 → 81

乘法表 10

10 × 1 = 10   0
10 × 2 = 20   0
10 × 3 = 30   0
10 × 4 = 40   0
10 × 5 = 50   0
10 × 6 = 60   0
10 × 7 = 70   0
10 × 8 = 80   0
10 × 9 = 90   0
10 × 10 = 100 0

第 8 章

_{zhǐ jiān mó fǎ}
指尖魔法

_{chéng rèn hé shù de jì suàn dōu hěn róng yì}
"10 乘任何数的计算都很容易。
_{bú guò zhè ge chéng fǎ biǎo lǐ de qí tā shù zěn}
不过，这个乘法表里的其他数……怎
_{yàng cái néng kuài sù jì suàn ne zài dà jiā de sǒng yǒng}
样才能快速计算呢？"在大家的怂恿
_{xià wèn dào}
下，100 问道。

_{nà jiù duō suàn}
"那就多算、
_{duō liàn kàn kan wǒ}
多练。看看我，
_{wǒ yì shēng dōu zài zuò jì}
我一生都在做计

算！"毕达哥拉斯认真地看着每个数，"如果你记不住整张乘法表，至少要记住 5×10 以内的乘法。

"至于 6 到 9 的乘法计算，我再教你们一个小技巧。这次又要用上手指。

例如计算 7×8，你可以这么做：

· 7 和 8 各减去 5，得到 2 和 3；

· 左手竖起 2 根手指，右手竖起 3 根手指；

· 将竖起的手指数量相加，2+3=5，这是最终结果的十位数；

· 将没有竖起的手指的数量相乘，

左手 3 根，右手 2 根，即 2×3=6，这是答案的个位数。

"十位数与个位数合在一起，答案是 56。"

"太厉害了！"大家一片惊呼，"再举个例子吧！"

"没问题。来算算 9×6 吧？先将两个数分别减去 5，得到 4 和 1，左手竖起 4 根手指，右手竖起 1 根手指。双手竖起的手指数量是 5，所以最终结果的十位数是 5。左手有 1 根手指没竖起，右手有 4 根，两个数相乘得

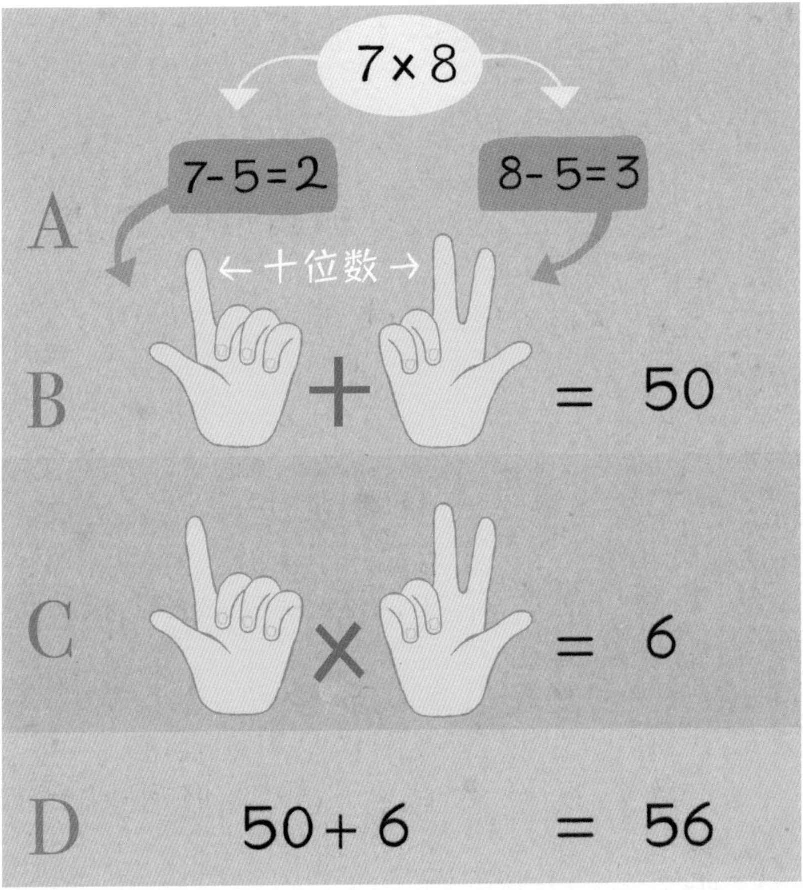

7×8

$7-5=2$ $8-5=3$

A

←十位数→

B   + = 50

C   × = 6

D $50+6 = 56$

4。所以最终结果是54！”

大家又一次低下头摆弄手指，玩得不亦乐乎。

90举起了手：“那我们眼前的这个乘法表，和您刚才讲的一切有什么关系呢？”

“这个毕达哥拉斯乘法表，就是把从1到10所有数两两相乘的乘积列出来，方便我们查找和学习。”

数们跃跃欲试：“那我们可以试试吗？”

“当然，现在就开始吧！”毕达哥

拉斯开始点名，"42，请出列！"

"我来了！"

"请你站到……"毕达哥拉斯在控制板上按下了首行的 6 和首列的 7，两者延伸交叉的格子亮起了柔和的灯光，"就是那里！"

"为什么正好是那里？" 42 有些疑惑。

"因为你就是 6 和 7 的乘积呀！现在，另一个 42 请站到……"毕达哥拉斯又按下了首行的 7 和首列的 6，交叉点的格子亮了起来。

zhàn zài bì dá gē lā sī shēn hòu　　 hào qí

100 站在毕达哥拉斯身后，好奇

de kàn zhe tā cāo zuò　 wèn dào　　　nín zěn me bú jì suàn

地看着他操作，问道："您怎么不计算

jiù néng zhǎo dào zhèng què de gé zi ne

就能找到正确的格子呢？"

　　hěn jiǎn dān　　yīn wèi　　　　　yǔ　　　　de

　　"很简单，因为 7×6 与 6×7 的

	1	2	3	4	5	6	7	8	9	10
1										
2										
3										
4										
5										
6							42			
7						42				
8										
9										
10										

结果是一样的。如果你要给6个人钱，

每人给7元，或者给7个人钱，每人

给6元，结果都是42元。"

"原来如此，难怪我们是双胞

胎！"他们齐声喊道。明白了同时存

在的意义，这让他们心里的一块大石

tou zhōng yú luò le de
头终于落了地。

men bù gān luò hòu　　mǎ shàng jǔ shǒu hǎn dào
24 们不甘落后，马上举手喊道：

nà wèi shén me wǒ men yǒu　　gè ne
"那为什么我们有 4 个呢？"

yīn wèi nǐ men fēn bié shì
"因为你们分别是 4×6、6×4、

	1	2	3	4	5	6	7	8	9	10
1										
2										
3								24		
4						24				
5										
6				24						
7										
8			24							
9										
10										

3×8 和 8×3 的结果！"毕达哥拉斯

微笑着回答。

"那我就去第 4 列和第 6 行的交叉点！"一个 24 朝同伴们眨眨眼，率先跑了过去。

"我去第 3 列和第 8 行的交叉点！"第 2 个 24 反应也很快。

"第 8 列和第 3 行的交叉点，我来啦！"第 3 个 24 不甘示弱。

"那我就去剩的最后一个位置——第 6 列和第 4 行的交叉点。我们做得对吗？"

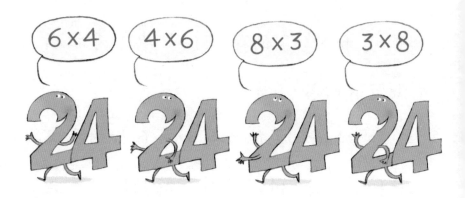

"非常正确！"毕达哥拉斯欣慰地
点点头。

"如果是这样，那我们几乎无须计
算，就能找到正确的位置。"70 若有
所思，"我是 7×10 的结果，如果我
去第 10 行和第 7 列的交叉点，那么
我的双胞胎兄弟就应该去第 10 列和

	1	2	3	4	5	6	7	8	9	10
1										
2										
3										
4										
5										
6										
7											70
8										
9										
10							70			

第 7 行的交叉点。我们只是交换了行和列。"

毕达哥拉斯忍不住鼓掌称赞："确实如此!我的表格是对称的。如果这

	1	2	3	4	5	6	7	8	9	10
1		2	3	4	5	6	7	8	9	10
2	2		6	8	10	12	14	16	18	20
3	3	6		12	15	18	21	24	27	30
4	4	8	12		20	24	28	32	36	40
5	5	10	15	20		30	35	40	45	50
6	6	12	18	24	30		42	48	54	60
7	7	14	21	28	35	42		56	63	70
8	8	16	24	32	40	48	56		72	80
9	9	18	27	36	45	54	63	72		90
10	10	20	30	40	50	60	70	80	90	

张表是画在纸上的，沿着对角线对折，你会发现上半部分的数和下半部分是重合的，对角线下方的三角形和上方的三角形里排列的数完全一样。"

"就像照镜子那样！"

是的，所以只要填好上面的三角形，复制到下面即可。"高个子63

说，"这太棒了，可以不用计算那么多了。"他是两个63里比较懒的那一个，计算稍微多一点儿，他就感觉晕头转向的。本来还没搞明白自己到底应该站在哪里，这么一来，他有主意了。他对矮个子63说："兄弟，请你先站到正确的位置上吧。"

矮个子63可不一样，他聪明、勤劳。他迈开步子，坚定地走上玻璃板："我是7和9的乘积，因此我站的位置应该是第9行和第7列的交叉点。"

"哦，那我知道我该去哪里了。"

gāo gè zi zhǎ zha yǎn pǎo xiàng le dì liè hé dì
高个子 63 眨眨眼，跑向了第 9 列和第

háng de jiāo chā diǎn
7 行的交叉点。

　　gāo xìng de yí bèng sān chǐ gāo yīn wèi tā
　　25 高兴得一蹦三尺高，因为他

bú dàn zhǎo dào le zì jǐ de wèi zhì hái fā xiàn le yì
不但找到了自己的位置，还发现了一

tiáo xīn guī lù nǐ men kàn zài biǎo gé duì jiǎo xiàn
条新规律："你们看，在表格对角线

shàng de shù quán dōu shì píng fāng shù lì rú
上的数全都是平方数！例如 1×1=1，

2×2=4……以

cǐ lèi tuī duì jiǎo
此类推，对角

xiàn yòu xià jiǎo de dǐng
线右下角的顶

diǎn chù jiù yīng gāi shì
点处就应该是

yě jiù
10×10，也就

shì
是 100！"

	1	2	3	4	5	6	7	8	9	10
1	1									
2		4								
3			9							
4				16						
5					25					
6						36				
7							49			
8								64		
9									81	
10										100

被点到名的 100 也有自己的发现：

"而且，不止第 1 行和第 1 列的数相同，第 2 行和第 2 列的数也相同！"

^{hái yǒu gèng fù zá de guī lù ne}
"还有更复杂的规律呢，"^{yòng shēn}
70 用深

^{chén de yǔ qì shuō} ^{měi yì háng huò měi yí liè de chéng jī}
沉的语气说，"每一行或每一列的乘积

^{xiāng jiā} ^{zǒng shì yǔ xiāng lín de háng huò liè de hé xiāng chà}
相加，总是与相邻的行或列的和相差

^{lì rú dì} ^{liè suǒ yǒu chéng jī xiāng jiā dé}
55。例如第 1 列所有乘积相加得 55；

^{dì} ^{liè xiāng jiā dé} ^{zhèng hǎo bǐ dì} ^{liè duō}
第 2 列相加得 110，正好比第 1 列多

^{dì} ^{liè xiāng jiā dé} ^{bǐ dì} ^{liè duō}
55；第 3 列相加得 165，比第 2 列多

^{yǐ cǐ lèi tuī} ^{dì} ^{liè de chéng jī xiāng}
55……以此类推，第 10 列的乘积相

1 + 2 + 3 + 4 + 5 + 6 + 7 + 8 + 9 + 10 = 55
2 + 4 + 6 + 8 + 10 + 12 + 14 + 16 + 18 + 20 = 110
3 + 6 + 9 + 12 + 15 + 18 + 21 + 24 + 27 + 30 = 165

加就是550！”

"啊，你怎么发现了这么神奇的规律，还算得这么快？"大家惊奇地问。

70的脸红了，诚实地说："嗯……我有计算器。"

毕达哥拉斯接着说："看到没？你们有能力自己发现这个表格中隐藏着多少数学规律！你们绝不是因为偶然，也绝非被人讨厌，更不是因为没有逻辑才来到这座岛上的。"说着，他站了起来，"你们不但有规律，而且有很多规律！"

数们都激动地跑向他，把他团团围住，争着要和他握手道谢。100热情地搂着毕达哥拉斯的肩膀，表示他和这位伟大的数学家已经是好朋友了。

是的，正是因为毕达哥拉斯，他做出了一个重大的决定——他要搬到这座岛上来生活，和毕达哥拉斯乘法表里的其他数生活在一起。乘法表岛，就是他真正的归宿。在这里，他再也不会感到孤单，因为有99个朋友和一个伟大的数学家陪伴着他。

第 9 章

庆祝派对

从山上下来，回到海边，1 经理感觉自己心里热乎乎的，应该对大家说点儿什么。他不但是唯一大酒店的经理，也是岛上的第 1 个居民。

"咱们来举办一场派对吧！经过这么久的思索和追问，我们终于找到了自己的身份，应该好好庆祝一下！

小2，跟我来，我们去酒店好好准备一下！"

"我也可以去帮忙！"3欢快地跟着跑了过去。

"要举办浴袍派对吗？"100满怀希望地问。

"当然可以，我们万事俱备！"

全体数都参加了派对，不仅有本地居民，还有几个正好在这里旅行的游客。乘法表岛现在洋溢着欢欣鼓舞的气氛，今后肯定会迎来越来越多的游客。

这次派对令人难忘，大家尽情品尝着鸡尾酒，跳着有本地特色的舞蹈，还燃起熊熊篝火。因为是在海边举办的，这确实是一场100期待中的浴袍派对，伴奏的音乐也很棒！

毕达哥拉斯不仅是一位伟大的数学家，更是一位有天赋的音乐家。他说，没有摇滚乐，何来派对？于是，他招募了一些有音乐天赋的数，组成乐队——4、3、2、1赫然在列。事实证明，1经理是一位优秀的歌唱家！乐队的名字取自他衣服上的标志——

圣三角。

他们彻夜弹奏欢乐的歌曲，包括一些数字世界的经典歌曲，例如《永恒的等式》《没有几何怎么办》……当然，最激动人心的要属改编歌曲《我们有规律》。数们在台下齐声合唱，还要求乐队返场演奏了足足7次。毕达哥拉斯亲自上场演奏架子鼓，甚至来了一段痛快淋漓的即兴表演呢！

100尽情地享受这场派对，他和每个穿着特色服装的数小姐跳舞，和每个数举杯畅饮。大家谈天说地，一

zhí dào dōng fāng de tiān mēng mēng liàng
直到东方的天蒙蒙亮。100 感到前所
wèi yǒu de tā shi hé ān xīn
未有的踏实和安心。

hòu lái　　　　　　 hái wèi xiǎo dǎo de yóu kè xiě le
　　后来，100 还为小岛的游客写了
yí jù huān yíng yǔ　　　huān yíng lái dào chéng fǎ biǎo dǎo　zhè
一句欢迎语："欢迎来到乘法表岛，这
lǐ de guī lù zhēn qí miào
里的规律真奇妙！"